CONCOURS AGRICOLE UNIVERSEL DE 1856.

COMMISSION DÉPARTEMENTALE.

RAPPORTS

ADRESSÉS

A M. LE PRÉFET DE SEINE-ET-MARNE

SUR

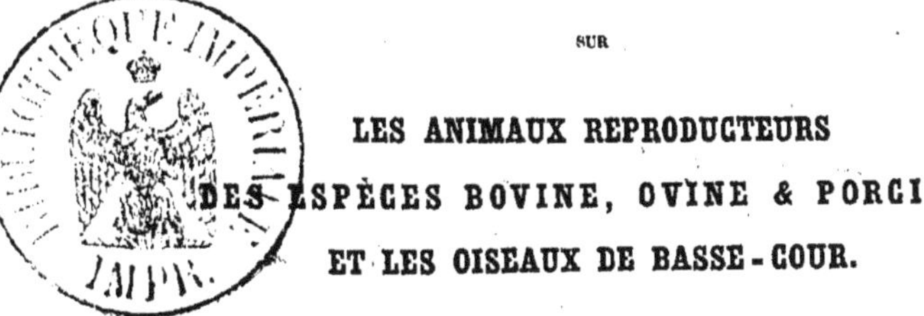

LES ANIMAUX REPRODUCTEURS

DES ESPÈCES BOVINE, OVINE & PORCINE,

ET LES OISEAUX DE BASSE-COUR.

MELUN,

H. MICHELIN, IMPRIMEUR DE LA PRÉFECTURE.

1856.

Monsieur le Préfet,

Vous avez bien voulu livrer à la publicité les études faites, en 1855, au palais de l'Industrie, dans l'intérêt spécial de l'agriculture de Seine-et-Marne, par la Commission dont vous m'avez confié la présidence.

Un autre champ a été ouvert à nos travaux : par un nouveau témoignage de confiance, vous nous avez appelés à remplir la même mission au concours universel de 1856.

Ces études nouvelles, Monsieur le Préfet, sont aujourd'hui terminées. J'ai l'honneur de vous en présenter les résultats.

Au sein de l'assemblée générale ont été successivement discutés les rapports que je viens placer sous vos yeux. Puissent-ils atteindre le but que votre sollicitude s'est proposé, profiter à l'agriculture, en propager le goût, en développer les bienfaits, et contribuer à conserver la mémoire des produits merveilleux auxquels l'Europe entière a donné ses suffrages.

Veuillez agréer, Monsieur le Préfet, la nouvelle assurance de ma haute considération.

DROUYN DE LHUYS.

Amblainvilliers, octobre 1856.

RAPPORT

ADRESSÉ

A M. LE PRÉFET DE SEINE-ET-MARNE

SUR

LES ANIMAUX REPRODUCTEURS DE LA RACE BOVINE.

MONSIEUR LE PRÉFET,

Dans votre constante sollicitude pour les intérêts agricoles du département de Seine-et-Marne, vous avez maintenu, dans ses fonctions, la Commission instituée le 5 juillet 1855, en l'invitant à compléter son travail par un examen de l'exposition des animaux, machines, instruments et produits de l'agriculture qui vient d'avoir lieu à Paris.

La première section de la Commission a été désignée pour faire un rapport spécial sur la race bovine. Pénétrée de l'importance de la tâche qui lui était confiée, elle s'est mise immédiatement à l'œuvre, et c'est en son nom que j'ai l'honneur de vous transmettre le résultat de ses travaux.

Les animaux appartenant à la race bovine sont une des premières bases de la production et de la richesse agricoles : 1° par les engrais puissants dont ils enrichissent la terre; 2° par la somme de travail qu'ils peuvent lui donner; 3° par leurs qualités productives et reproductives; 4° enfin par leur chair même qui sert de nourriture à l'homme.

Aussi cette partie de l'exposition était une de celles qui offraient le plus d'intérêt à l'agriculture. Cet intérêt était surtout puissant pour le département de Seine-et-Marne.

En effet, sur les 590,933 hectares dont se compose son territoire, 337,460, c'est-à-dire plus de la moitié, appartiennent exclusivement à l'agriculture. Les prés et pâtures figurent dans ce nombre pour 33,284 hectares; et le nombre d'animaux de l'espèce bovine y existant s'élève à près de 100,000, représentant un capital de plus de 30 millions.

De plus, notre département, par son voisinage de la capitale, par la nature variée de son sol et par son climat tempéré, a l'heureux privilége de pouvoir suivre, avec les mêmes succès, des voies différentes dans son agriculture, selon le goût ou l'aptitude des cultivateurs. Ils peuvent ainsi se livrer, avec un égal avantage, à la production du laitage, ou à l'élevage, ou à l'engraissement des animaux de la race bovine.

Rien donc ne méritait plus de captiver leur attention que cette exposition, provenant des climats et des pays les plus divers. Ils devaient y trouver des enseignements précieux sur tout ce qui peut contribuer à obtenir de ces utiles animaux un produit plus considérable, soit par l'amélioration des races par elles-mêmes et par des croisements en dehors, soit par l'introduction de races nouvelles.

Nous allons en passer la revue en procédant par groupes; nous indiquerons les points de comparaison qui peuvent exister entre les diverses races, les avantages que les unes peuvent présenter sur les autres, et il en sera tiré les conséquences qui nous paraîtront les plus rationnelles et les plus généralement applicables.

La tâche est longue et difficile; elle sera heureusement

accomplie s'il peut en résulter utilité et profit pour l'agriculture de notre pays.

L'exposition de la race bovine comprenait 1,266 sujets admis à concourir, plus 36 hors concours; total 1,302 animaux.

En suivant l'ordre du livre de l'exposition, les races anglaises apparaissent les premières.

1re CATÉGORIE.

Race Durham, à courtes cornes, améliorée.

	Pelage :
62 mâles de tout âge.	Blanc, blanc-moucheté, rouan,
71 femelles id.	rouge et blanc.
133	

Cette race célèbre soutient à l'exposition la grande et juste renommée qui lui est acquise; on ne peut qu'être frappé d'admiration à la vue de cette nombreuse réunion d'animaux présentant tous également, ou à des degrés peu divers, cette perfection, cette similitude exacte de formes qui la distingue et qui indique sa parfaite pureté d'origine.

Cette race porte le nom d'améliorée; c'est reconnaître tout ce qu'il a fallu de temps et de soins pour l'obtenir; elle est la preuve la plus frappante de ce que peuvent, chez l'éleveur, le discernement, l'esprit de suite et la persévérance.

A la première vue, on voit surabondamment les qualités supérieures de cette belle race :

Précocité de taille et d'embonpoint, finesse de peau, exiguité de la charpente osseuse, de la tête et des membres, tout est au profit d'un rendement de viande plus considérable; en un mot, le corps entier de l'animal, par la rectitude des lignes, par la perfection de sa conformation, semble être un cube plein et allongé de chair vivante.

La seule ombre au tableau, c'est que la surabondance de graisse nuit peut-être à la qualité de la viande et à la reproduction de l'espèce. Les femelles ne sont pas bonnes laitières; quelques-unes, dit-on, font exception.

2e CATÉGORIE.

Race Héréford.

3 mâles. 3 femelles. 6	Pelage : Rouge.

Race approchant beaucoup de la précédente par la beauté des formes; charpente osseuse un peu plus développée; plus d'aptitude au travail, meilleure qualité de viande, mais encore peu laitière.

3e CATÉGORIE.

Races Devon, Sussex et analogues.

6 mâles. 8 femelles. 14	Pelage : Rouge.

Taille moins élevée que les héréford, très-belle conformation, aspect vif et animé. Très-bonnes pour le travail; moyennes laitières; qualité de viande supérieure aux héréford et aux durham.

4e CATÉGORIE.

Races des îles de la Manche, d'Alderney, etc.

3 mâles. 26 femelles. 29	Pelage : Jaune et fauve-blanc, jaune foncé, rouge pâle.

Races tout à fait différentes des races précédentes. Point de taille, point de viande, mais distinguées, connues bonnes laitières, présentant de l'analogie avec leurs voisines de France, les brettes et basses-brettes.

5e CATÉGORIE.

Race d'Ayr.

21 mâles.	Pelage :
75 femelles.	Brun, rouge, brun-rouge
96	et rouge-blanc.

Race peu élevée de taille, mais très-remarquable par l'élégance et la perfection de ses formes, révélant une origine très-pure, soigneusement conservée. Renommée pour sa sobriété; très-bonne laitière; possédant, en outre, une grande facilité d'embonpoint.

Son apparition en France, au concours de 1855, avait été accueillie très-favorablement; aussi, sur les 96 animaux présentés cette année, plus de 20 appartiennent à des cultivateurs français.

6e CATÉGORIE.

Races sans cornes d'Angus, d'Aberdeen et Galloway-Polled.

12 mâles.	Pelage :
25 femelles.	Noir.
37	

Races très-supérieures, très-peu connues en France jusqu'à ce moment, ayant fait à juste titre grande sensation, réunissant toutes les qualités désirables dans l'espèce bovine; taille, beauté et ampleur de formes; précocité et disposition à l'engraissement; bonnes laitières, dit-on encore, et qualité de viande très-estimée. Les angus plus forts, la peau plus fine; les galloway paraissant plus robustes, sans rien céder sous le rapport des formes.

7e CATÉGORIE.

Race West-Highland.

10 mâles.
21 femelles.
31

Pelage :
Noir et café au lait.

Race agreste et sauvage, spéciale au rude pays qu'elle habite; complète absence de taille, mais très-remarquable par sa bonne conformation; viande de qualité supérieure, très-recherchée en Angleterre.

8e CATÉGORIE.

Race de Kerry.

4 mâles.
19 femelles.
23

Pelage :
Noir.

Petite taille, bonne laitière, analogie avec les races des îles de la Manche et avec la race bretonne.

9e CATÉGORIE.

Races anglaises, écossaises et irlandaises.

1 mâle.
5 femelles.
6

Pelage :
Rouan roux, rouan et roux tacheté.

N'offrant rien de particulier; assimilation plus ou moins grande avec les races précédemment représentées.

Ici finit la nomenclature des animaux de la race bovine de l'Angleterre, au nombre de 379 têtes, près du tiers de toute l'exposition. — Le premier rang lui était légitimement dû par le nombre, le choix et la qualité des sujets présentés.

10e CATÉGORIE.

Races hollandaise et analogues.

13 mâles.	Pelage :
45 femelles.	Noir et blanc.
58	

Différence très-tranchée avec les grandes races anglaises. Taille élevée, ossature très-développée et à formes anguleuses; pas de dispositions à l'engraissement, mais excellentes laitières, qualité qu'elles possèdent au plus haut dégré; fort estimées sous ce rapport dans une partie de la France; leur lait cependant passe pour être moins butireux que celui de la race normande. Sur les 58 animaux présentés, 15 appartiennent à des Français. Il y en a deux à M. Lefranc, à Charny, département de Seine-et-Marne; ils ont obtenu le 5e prix et la 1re mention honorable des femelles.

11e ET 12e CATÉGORIES.

Race fribourgeoise.

6 mâles.	Pelage :
25 femelles.	Rouge, blanc-noir et rouge-blanc.
31	

Race bernoise.

7 mâles.	Pelage :
40 femelles.	Rouge, jaune, noir-rouan et blanc, noir et blanc.
47	

A un pays de plaines et de prairies succède un pays de montagnes; aussi changement complet de races. Grande taille et ossature toujours très-développée, surtout pour la race fribourgeoise; mais nature plus énergique et plus vigoureuse; propres au travail; cuir épais; exigeantes sous le rapport de la nourriture; bonnes laitières, sujettes à perdre de cette qualité en sortant de son pays; viande inférieure ainsi qu'il est généralement observé pour toutes les races suisses.

13e CATÉGORIE.

Race de Schwitz.

30 mâles. 66 femelles. ——— 96	Pelage : Brun, gris, brun et gris, clair et foncé.

Moins de taille que la précédente, mais belle aussi de conformation; moins exigeante de nourriture, plus réputée pour le travail et surtout pour le lait, quoique sujette aussi à un moindre rendement en se dépaysant. Race recherchée dans une partie de la France, ce qui explique le grand nombre de ces animaux exposés et pour la plupart à vendre.

14e ET 15e CATÉGORIES.

Race Suisse centrale et orientale.

4 mâles. 14 femelles. ——— 18	Pelage : Brun, gris.

Races d'Oberhasli et d'Ober-Unterwald.

10 mâles. 16 femelles. ——— 26	Pelage : Brun et brun foncé.

Toujours même pays, mêmes races, mêmes qualités, avec différences peu sensibles; moins connues et moins appréciées que la race Schwitz.

Races de l'Autriche

Les races exposées par l'Autriche offrent des types très-variés et très-intéressants.

16e CATÉGORIE.

Races du Pinzgau et Montafon.

9 mâles.	Pelage :
11 femelles.	Rouge, brun-rouge et brun-clair.
20	

Peu élevées de taille, tête et cornes courtes, remarquables et estimées pour leur rusticité et leur sobriété; peu laitières, mais d'un engraissement facile.

17e CATÉGORIE.

Races d'Obérinthal, du Zillerthal et de Dux.

6 mâles.	Pelage :
15 femelles.	Rouge, noir, rouge-foncé et gris-foncé.
21	

Obérinthal, meilleure laitière de tout le Tyrol; croissance précoce, mais peu de disposition à l'engraissement. — Zillerthal, race rustique, plus de facilité pour l'engraissement; viande inférieure. — Dux, race noire, très-bonne laitière et remarquable surtout de conformation.

18e CATÉGORIE.

Races de Murzthal, de la haute Styrie, de l'Avanthal et de Wienerwald.

5 mâles.	Pelage :
16 femelles.	Gris de blaireau.
21	

Qualité laitière, aptitude à l'engraissement et au travail; beaucoup d'analogie avec les races suisses.

19e CATÉGORIE.

Races et sous-races de Hongrie, de Galicie, et bœufs de traits.

4 mâles.
5 femelles.
6 bœufs.
——
15

Pelage :
Blanc, rouge et gris.

Caractères particuliers : mobilité du regard, ombrageux, cornes longues, mouvements agiles, rusticité, aptitude au travail, allure rapide, égale, dit-on, aux chevaux de labour.

20e CATÉGORIE.

Races et sous-races de Bohême et de Moravie.

4 mâles.
19 femelles.
——
23

Pelage :
Brun, jaune-gris et pie-rouge.

Provenant, pour la plupart, de croisements de ces deux provinces avec la Suisse; possédant les qualités inhérentes à ces dernières races.

21e CATÉGORIE.

Buffles.

2 mâles.
2 femelles.
——
4

Pelage :
Noir.

Animaux à aspect étrange et sauvage, durs à la fatigue et d'une grande force pour le travail; provenant de pays marécageux arrosés par la Theiss, à l'extrémité la plus reculée des États autrichiens, près des confins de la Turquie. Ils complètent d'une manière heureuse et pittoresque l'exposition des animaux de la race bovine appartenants à l'Autriche.

22e CATÉGORIE.

Race du Glane ou de Birkenfeld (Bavière).

4 mâles. 5 femelles. —— 9	Pelage : Isabelle, rouge, café au lait.

Race grande, belle et forte, presque inconnue jusqu'à présent. Quatre de ces animaux appartiennent à des Français, dont deux ont obtenu le 1er prix des mâles et des femelles.

23e CATÉGORIE.

Race de Voigtland (Saxe).

2 mâles. 10 femelles. —— 12	Pelage : Châtain-roux.

Race petite, mais bien conformée; bonne laitière; finesse de peau; paraissant être prédisposée à l'engraissement.

—

Danemark.

24e ET 25e CATÉGORIES.

Race du Jutland occidental.

2 mâles. 8 femelles. —— 10	Pelage : Pie-noir.

Race d'Angeln ou du Geest.

2 mâles. 6 femelles. 8	Pelage : Rouge et rouge-brique.

Moins élevée de taille que la race hollandaise, mais formes plus larges, mieux conformées; peut-être aussi abondantes laitières, et meilleures comme qualité du lait.

26e ET 27e CATÉGORIES.

Races des polders du Holstein.

1 mâle. 4 femelles. 5	Pelage : Rouge-bigarré.

Race de Breitenburg.

2 mâles. 8 femelles. 10	Pelage : Rouge-bigarré.

Remarquables par leur maigreur; mais très-distinguées encore par leurs qualités laitières, et ayant une grande finesse.

28e CATÉGORIE.

Races piémontaises et analogues.

(Néant).

29e CATÉGORIE.

Races étrangères non classées ci-dessus.

4 mâles.	Se reporter à la 10e catégorie à laquelle ils appartiennent.

30e CATÉGORIE.

Sous-races provenant de croisements étrangers.

3 mâles.
10 femelles.
13

Pelage :
Varié.

Sans indication de croisements. Le sang durham dominant dans le plus grand nombre. Conséquences : amélioration de conformation et de beauté de formes. Il serait important de connaître si, notamment en ce qui concerne les croisements durham-hollandais, l'infusion du sang durham a influé ou non sur les qualités laitières propres à la race hollandaise.

Ici se termine l'exposition des races étrangères à la France, représentées par 826 animaux appartenants à l'Angleterre, à la Hollande, à la Suisse, à l'Autriche, à la Bavière, à la Saxe et au Danemark.

En les examinant au point de vue des intérêts généraux de l'agriculture en France, en nous limitant même aux seuls besoins et aux tendances de l'agriculture du département de Seine-et-Marne, quatre parmi toutes ces races, la plupart si remarquables, ont dû fixer principalement notre attention; ce sont les races de Durham, d'Ayr, de Hollande et de Schwitz.

Nous allons entrer dans l'exposition française : l'intérêt augmente de plus en plus; on est avide de voir, afin d'établir la comparaison entre les races nationales et les races étrangères.

Voyons donc, et nous jugerons ensuite :

DEUXIÈME SECTION.

ANIMAUX DE RACES SOIT ÉTRANGÈRES, SOIT FRANÇAISES, NÉS ET ÉLEVÉS EN FRANCE.

1re CATÉGORIE.

Race normande pure.

30 mâles.	Pelage :
30 femelles.	Rouge et blanc, bringé-caille,
60	rouge-bringé.

Race de France la plus renommée comme supérieure et excellente laitière, possédant aussi une grande beauté de taille et de conformation; finesse de peau. Il est facile de reconnaître qu'elle réunit tous les éléments propres à égaler, en se perfectionnant, les produits les plus célèbres des races étrangères. Nul doute que si les éleveurs français apportaient à sa reproduction, à son hygiène, à son alimentation, les mêmes soins que leurs voisins les Anglais; nul doute que la race normande, tout en conservant ses qualités si précieuses comme laitière, obtiendrait, en précocité de taille, en perfection de formes, en production de viande, des résultats égaux à ceux obtenus en Angleterre.

La France aurait aussi sa race perfectionnée; quelques sujets exposés en sont la preuve.

On doit cependant reconnaître, avec regret, que cette belle race n'a pas été représentée à l'exposition, sous le rapport du nombre et du choix des sujets, aussi complètement qu'elle aurait pu l'être.

Sur les 60 animaux présentés, 7 fort remarquables, dont un appartenant à M. Dubourg, au Plessis-l'Évesque, a obtenu le 5e prix des femelles, sont originaires du département.

2e CATÉGORIE.

Race flamande pure.

15 mâles.	Pelage :
22 femelles.	Rouge et rouge-brun.
37	

Belle race, très-bien conformée; coffre un peu plus allongé et moins large que la précédente; plus exigeante aussi de nourriture; produit en lait plus abondant, mais moindre en qualité. Sous le rapport du rendement en lait, les seules races hollandaise et du Holstein lui sont supérieures.

Sur les 37 animaux exposés, 11, dont 5 ont obtenu des prix, appartiennent à des cultivateurs du département.

NOMS DES LAURÉATS :

M. Hilaire Garnot, à Réau....	2e	prix des mâles.
M. Michon, à Jouarre........	3e	
M. Dutfoy, à Éprunes........	1er	prix des femelles.
M. Gervais, à Mary-sur-Marne.	4e	
M. Michon, déjà nommé......	5e	

3e CATÉGORIE.

Race charolaise pure.

20 mâles.	Pelage :
14 femelles.	Blanc.
34	

Race d'un mérite très-supérieur; grande beauté de taille et de conformation; propre au travail; très-disposée à l'engraissement; peu laitières. Le beau choix des animaux présentés excitait l'admiration. Il fait le plus grand éloge des éleveurs, en prouvant les soins donnés par eux à la conservation et à l'amélioration de cette belle race. Quelques sujets pouvaient soutenir avec avantage la comparaison avec les durham, sur lesquels les charollais l'emportent par la qualité de la viande et aussi, dit-on, par le rendement à égalité de poids.

4e, 5e ET 6e CATÉGORIES.

Race gasconne.

2 mâles.	Pelage : Gris.

Race garonnaise ou agenaise pure.

8 mâles. 4 femelles. 12	Pelage : Rouge, rouge-fauve et froment.

Race bazadaise pure.

4 mâles. 5 femelles. 9	Pelage : Gris, gris-fauve et truité.

Ces trois catégories réunissaient 19 sujets. Il est regrettable qu'elles n'aient pas été représentées par un plus grand nombre d'animaux. Ces races du midi sont renommées par leur vigueur, leur aptitude au travail et leur disposition à l'engraissement; on admire la largeur de leurs jarrets, leurs membres courts et musculeux. Il est à peine besoin de dire qu'elles ne sont pas laitières.

7e CATÉGORIE.

Race comtoise pure.

3 mâles. 4 femelles. 7	Pelage : Blanc-sale, rouge, noir et blanc.

Estimée pour le travail, recherchée pour l'engraissement, meilleure laitière que les races précédentes; susceptible de recevoir de grands perfectionnements.

8e CATÉGORIE.

Races baretonne et des Pyrénées.

(Néant).

9e CATÉGORIE.

Race limousine pure.

10 mâles. 4 femelles. 14	Pelage : Rouge, rouge-pâle, rouge-noir.

Agile et propre au travail, dispositions à l'engraissement, très-bonne qualité de viande. Mêmes observations que pour la race comtoise.

10e CATÉGORIE.

Races de Salers, d'Aubrac, d'Auvergne et de Mezenc pures.

10 mâles. 8 femelles. 18	Pelage : Salers, rouge; — d'Aubrac, gris.

Races réunies, mais très-distinctes; exposition trop peu nombreuse. Salers, surtout, très-distinguée, grande taille, belle conformation et bonne laitière. Aubrac, taille plus petite, bien conformée aussi, et très-vigoureuse.

11e CATÉGORIE.

Race parthenaise pure.

16 mâles. 31 femelles. 47	Pelage : Rouge-brun, bai-brun, bai-clair et rouge-fauve.

Taille peu élevée, bonne laitière, propre aussi au travail. Un sujet appartenant au département.

12e CATÉGORIE.

Race bretonne pure.

16 mâles.
31 femelles.
———
47

Pelage :
Noir et blanc.

Race très-petite, mais très-renommée pour sa sobriété et ses qualités laitières; analogie avec la race des îles de la Manche, dont elle est probablement la souche. Trois sujets appartenant au département :

L'un à madame la princesse Bacciochi, au château du Vivier, à Fontenay-Trésigny ; les deux autres à M. Giot, de Chevry-Cossigny, ont obtenu les 5e et 7e prix des femelles et une mention honorable.

13e CATÉGORIE.

Races françaises diverses pures.

7 mâles.
3 femelles.
———
10

Pelage :
Divers.

Se rapprochant des diverses races déjà mentionnées (rien de particulier).

14e, 15e, 16e ET 17e CATÉGORIES.

Race Durham pure.

32 mâles.
23 femelles.
———
55

Race d'Ayr pure.

11 mâles.
6 femelles.

17

Race hollandaise pure.

6 mâles.
6 femelles.

12

Race étrangère pure.

25 mâles.
48 femelles.

73

Total, 157 animaux appartenant aux races de Durham, d'Ayr, hollandaise et autres.

Cette exposition offre, dans le nombre, des types fort remarquables; elle mérite surtout de fixer l'attention, comme une preuve de plus de ce que nous pouvons obtenir par l'élevage.

Vingt-deux départements environ y ont concouru. Seine-et-Marne y figure pour 1 durham et 4 hollandais, dont un appartenant à M. Gilles, à Thieux, et un autre à M. Chartier, d'Annet, ont remporté le 1er et le 2e prix de taureaux.

18e CATÉGORIE.

Sous-races provenant de croisements quelconques français ou étrangers.

25 mâles.
48 femelles.

73

Pelage :
Varié.

Provenant d'un même nombre de départements que les animaux de la 17e catégorie. Seine-et-Marne compte encore

3 sujets dans cette exposition, 1 durham-cotentin, 2 normands-hollandais. Le caractère distinctif des croisements divers auxquels ces animaux appartiennent se reconnaît facilement.

Un objet sérieux d'étude serait de constater si les produits obtenus par ces croisements ont conservé les qualités spéciales à leurs reproducteurs de père et de mère, et de déterminer, s'il y a lieu, par une juste compensation, ce qui a été obtenu en plus d'un côté et ce qui peut avoir été perdu de l'autre : c'est une œuvre difficile.

Beaucoup, parmi ces 73 animaux, mériteraient d'être cités; mais plusieurs ne présentent pas des résultats aussi satisfaisants. Un examen sévère aurait pu découvrir, dans ces derniers, des symptômes de dégénérescence, dont un des effets fâcheux serait de faire perdre aux produits toute spécialité d'origine.

Toutefois, en présence de cette nombreuse exposition de 230 sujets compris dans les 17e et 18e catégories, des éloges justes et mérités sont dus aux éleveurs pour ce témoignage de leurs travaux et de leurs efforts, dans l'intérêt de l'amélioration des races par croisements en dehors et par l'introduction de races supérieures étrangères.

Nous reviendrons sur ce sujet tout à l'heure.

ANIMAUX HORS CONCOURS.

Ferme impériale de Villeneuve-l'Étang.

Race Ayrshire	1 mâle. 1 femelle.	
Race Durham	1	id.; âge, six ans.
Race cotentine	1	id.; âge, trois ans.
Total. . . .	4	

Cette exposition, indépendamment du témoignage qu'elle donne de la haute sollicitude de S. M. l'Empereur pour l'agriculture, offre, malgré le petit nombre d'animaux exposés, un vif intérêt.

On a pu voir ainsi, côte à côte, deux types supérieurs des deux premières races, anglaise et française : un durham provenant des étables du prince Albert, une normande-cotentine sortant de la ferme impériale de Villeneuve-l'Étang. On a pu comparer et juger si, en tenant compte de la différence d'âge existant entre les deux sujets et des qualités spéciales à chacune d'elles, il n'y avait pas égalité de mérite.

ANIMAUX EXPOSÉS PAR LES ÉTABLISSEMENTS DE L'ÉTAT.

Établissement agricole de Saint-Angeau (Cantal).

Croisement Devon-Salers.

6 femelles.

École impériale d'agriculture de la Saussaye (Ain).

Race d'Ayr.

1 mâle.
5 femelles.
6

École impériale d'agriculture de Grand-Juan.

Races Durham-bretonne et Ayr-Durham-bretonne.

10 femelles.

Vacherie impériale du Pin (Orne).

Race Durham pure.

3 mâles.
7 femelles.

10

Total, 32 animaux, dont moitié appartiennent à des races croisées étrangères-françaises et moitié à des races étrangères pures. Ils sont presque tous d'un beau choix et prouvent tous les soins donnés par ces établissements à ne propager que de beaux types de races.

Mais ici une réflexion se présente naturellement : aucune de ces institutions privilégiées par l'État n'envoie au concours des animaux de races pures françaises existantes dans leur circonscription. Deux d'entre elles seulement offrent des croisements Devon-Salers-Durham-breton et Ayr-Durham-bretonne; mais les deux autres ne présentent que des sujets appartenant à des races pures étrangères.

Il aurait été cependant du plus haut intérêt de voir ces grands établissements, près desquels l'agriculture doit apprendre et s'instruire, exposer des types purs de nos races les plus estimées à côté des premières races étrangères.

A cet égard, la ferme impériale de Villeneuve-l'Étang donnait un bon exemple à suivre.

Il paraît qu'il y a quelques années on élevait ainsi, à l'établissement de Saint-Lô et à l'institut agronomique de Versailles, des sujets de diverses races françaises et étrangères, en leur appliquant les mêmes soins, les mêmes études.

Il peut être permis de regretter que cette méthode ait été

abandonnée ; car c'est seulement dans ces institutions agricoles, possédant la science, l'expérience et toutes les ressources désirables, que l'élevage de races diverses peut se faire dans des conditions exactes d'égalité et de conformité. Elles seules pourraient offrir des objets parfaits de comparaison : l'industrie privée ne peut pas, n'a pas le temps de le faire.

N'est-il pas à craindre, en voyant les chefs d'école, qui devraient nous servir de guides, délaisser, exclure absolument de leurs étables nos races les plus précieuses, pour n'y élever que des animaux de races étrangères; n'est-il pas à craindre qu'il n'en résulte une incertitude très-préjudiciable à l'agriculture, dans la direction qu'elle doit suivre pour améliorer cette branche considérable de la richesse agricole ?

Telle est l'impression qu'a fait naître en nous cette partie importante de l'exposition.

RÉSUMÉ ET CONCLUSION.

Plusieurs faits principaux ressortent de l'exposition de la race bovine.

En premier lieu, le caractère distinctif attaché à chaque race est parfaitement tranché selon les pays et les climats. Une simple étude suffit pour pouvoir ensuite assigner, d'une manière certaine, à chaque animal, son pays d'origine.

Un second objet très-digne de remarque, c'est que chaque race est justement appropriée au sol où elle vit et où elle se reproduit.

Ainsi, en France, les terres fertiles du nord, ces vastes pâturages, favorisés par la fraîcheur du climat et par le voisinage de la mer, nourrissent les races normandes, flamandes, hollandaises, aux fécondes mamelles, puissantes de taille, propres aussi, pour la plupart, à l'engraissement; tandis que plus à l'ouest, quoique dans le même climat, la race bretonne, sobre, ainsi que l'exige le sol où elle vit, est entièrement privée de taille, pour rester seulement excellente laitière.

La nature du bétail change complètement en se dirigeant vers le midi; les races charollaise, comtoise, limousine, d'Auvergne, gasconne, remplacent la qualité laitière, qui s'efface à mesure que le climat devient plus sec et plus brûlant, par une conformation plus musculaire, plus robuste, excellente pour le travail qu'elles sont appelées à faire, et par une disposition générale à l'engraissement.

Il en est de même dans les autres contrées; peut-il y avoir rien de plus opposé, en Autriche, que les belles races d'Oberwinthal, Zillerthal, Dux, Murzthal, etc., si bien appropriées aux plaines et aux montagnes du Tyrol, avec les races moraviennes, aux cornes gigantesques, et les buffles, destinés à vivre au milieu des marécages.

Enfin, cette distinction de races n'existe nulle part d'une manière plus marquée qu'en Angleterre. Sur un territoire comparativement restreint, enveloppé par la mer de toutes parts, dans des conditions de climat à peu près les mêmes, sauf les parties montagneuses situées au nord, chaque race, Durham, Devon, d'Ayr, d'Angus, des îles de la Manche, d'Aberdeen, a son caractère particulier et sa spécialisation parfaitement marquée.

Mais le fait le plus considérable, et sur lequel, pour ainsi dire, doit se porter toute l'attention, fait qui nous menera rapidement à la conclusion, c'est qu'en étudiant ces animaux d'élite, appartenant à tant de races et de pays divers, on retrouve inhérentes, dans chacun d'eux, n'importe la race ou le climat, des conditions premières de conformation uniformément reconnues comme devant rendre le sujet d'autant plus parfait qu'elles sont mieux remplies.

Telles sont la largeur de la poitrine, l'ampleur du cylindre, la largeur de la croupe, la rectitude des lignes, un grand développement musculaire.

Nous poserons donc en principe : que les belles races françaises possèdent, à l'égal de celles de tous les autres pays, des qualités premières suffisantes pour pouvoir se perfectionner par elles-mêmes, sans mélange de sang étranger; que si, trop souvent, il y a défectuosité, abaissement dans les produits, ce n'est pas la faute de la race, et que le remède est toujours à côté du mal.

Nous sommes cependant loin de repousser l'introduction des races étrangères et le travail de l'amélioration des races par les croisements en dehors ; nous nous empressons de reconnaître qu'il peut en résulter des fruits utiles, peut-être même plus rapides que par les croisements en dedans ; mais cette voie n'est pas sans péril; les succès d'un premier moment peuvent être suivis de graves mécomptes; il ne faut y marcher qu'avec beaucoup de prudence, et nous insisterons toujours sur le danger qu'il y aurait à abandonner nos races françaises, si bien appropriées à notre climat, à notre sol, à nos usages.

Nous recommanderons, au contraire, de s'attacher de plus en plus à leur conservation, à leur amélioration, à leur perfectionnement, et nous avons foi entière dans le succès.

Nous imiterons en cela les Anglais. C'est grâce au soin religieux avec lequel ils ont conservé à chaque race sa pureté d'origine, qu'ils ont obtenu les beaux types de Durham, d'Ayr, d'Angus et autres, qui font aujourd'hui leur triomphe.

Nous croyons fermement que cette méthode est la plus rationnelle, la plus sûre et par conséquent la meilleure.

Pour conclure, nous dirons aux cultivateurs de Seine-et-Marne :

Ces animaux de la race bovine, étrangers et français, que vous avez admirés avec nous à l'exposition, appartiennent à des cultivateurs comme vous, chez qui ils sont nés et qui les ont élevés.

Suivez leur exemple, employez les mêmes moyens, et vous obtiendrez les mêmes succès.

Comme eux, choisissez toujours vos reproducteurs des deux sexes avec le plus grand soin ; apportez à l'alimentation, à l'éducation, à l'hygiène de vos animaux les soins qu'ils leur donnent.

Comme eux, enfin, donnez surtout, donnez toujours une nourriture substantielle et abondante : *au père, à la mère, au jeune élève.*

Là, peut-être, est la plus grande partie du secret.

Alors vos produits égaleront en beauté et en bonté ces produits que vous admirez tant aujourd'hui, et vous n'aurez plus rien à envier à personne.

Le rapporteur,

Cte DE COURCY,

Président de la Société d'agriculture de Rozoy
et du comice de Coulommiers.

RAPPORT

ADRESSÉ

A M. LE PRÉFET DE SEINE-ET-MARNE

SUR

LES BÊTES DE L'ESPÈCE OVINE.

MONSIEUR LE PRÉFET,

La Commission nommée par votre arrêté du 5 juillet 1855, à l'effet d'examiner les produits de l'industrie, devait se placer au point de vue des intérêts agricoles du département. Vous lui avez confié la même mission pour le concours universel de 1856, afin de continuer les mêmes études et d'approfondir par un examen consciencieux les questions qui restaient encore à résoudre.

Au nombre de ces questions figurent assurément, au premier rang, toutes celles qui se rattachent aux bêtes ovines.

En effet, le département de Seine-et-Marne possède en ce moment plus de onze cent mille bêtes à laine, représentant une valeur de près de trente millions et donnant un revenu brut, laine et croît compris, de plus de quatorze millions.

Afin de rester fidèle à l'esprit qui a dicté votre arrêté, la

Commission n'a pas cru devoir entrer dans le détail de tout ce qui concernait les races exposées; elle n'a traité que les questions qui pouvaient intéresser le departement. Les travaux du jury nommé par le Gouvernement, pour le concours de 1856, sont d'ailleurs les véritables guides de ceux qui voudront étendre leurs études et leurs recherches.

Pénétrée de l'importance de la mission qui lui était confiée, la Commission a examiné avec le plus grand soin les diverses races envoyées au concours de 1856; elle a interrogé la plupart des éleveurs admis à ce concours; elle s'est adressée, en dehors de son sein, à des hommes connus par leur expérience et leurs lumières. C'est ainsi notamment qu'elle a obtenu que M. Yvart, dont le zèle pour les intérêts agricoles du pays est aussi grand que ses connaissances sont exactes et profondes, assistât à nos discussions et vînt nous prêter le plus utile concours. M. Delafond, professeur distingué à l'école d'Alfort, et M. Richard (du Cantal), tous deux connus par leurs remarquables travaux, ont donné leur avis. Enfin, plusieurs négociants ont été également consultés, et nous sommes heureux de reconnaître ici combien ont été précieux les documents fournis par l'un d'eux, M. Roux, qui a bien voulu, en outre, assister à toutes nos réunions.

C'est le résumé de ces travaux que nous venons consigner dans ce rapport.

Il y a environ un demi-siècle qu'on a commencé, sur une assez vaste échelle, à élever en France les moutons mérinos. Avant cette époque, nos races étaient communes, assez mal soignées et ne produisaient qu'en faible quantité une laine généralement grossière. Notre pays payait chaque année un tribut important à l'étranger. Dès avant 1789, le Gouvernement, préoccupé de cet état de choses, chercha à y remédier. Daubenton fut chargé le premier de tenter l'acclimatation des mérinos d'Espagne. Au bout de quelques années, ce savant illustre affirma que cette race précieuse pouvait réussir en France, et c'est alors que Louis XVI obtint du roi d'Espagne, en 1785, l'autorisation de faire acheter et d'introduire dans son royaume ces animaux reproducteurs qui ont servi à fonder la bergerie de Rambouillet, d'où sont sortis tous les troupeaux analogues que nous possédons aujourd'hui.

Qu'il nous soit permis de rappeler ici que ce premier troupeau, au nombre de 360 têtes, fut acheté en Espagne et dirigé en France par l'entremise de M. de Bourgoing, ancien ministre plénipotentiaire à la cour de Madrid, oncle de M. de Bourgoing, préfet actuel du département. Tout le monde remarquera cette heureuse coïncidence entre les soins donnés par l'ancien ministre plénipotentiaire à une acquisition qui a été le fondement d'une des plus belles industries de notre contrée et la constante préoccupation d'un de ses proches parents pour y apporter toutes les améliorations désirables.

C'est l'honneur de la Brie d'avoir la première marché à grands pas dans la voie nouvelle que lui ouvrait le Gouvernement (1). C'est aussi l'une des causes les plus réelles de sa richesse; et il semble que l'adage de Varron, qui date de deux mille ans, *omnis pecunia ex pecude* (les troupeaux sont l'origine de toutes richesses), ait été écrit pour elle, car nul département en France ne possède un capital aussi considérable en bêtes à laine.

Depuis vingt ans nos laines ont pu perdre de leur finesse, mais la toison a gagné en volume et en poids, tout en conservant la force et la souplesse. La taille de nos trou-

(1) MM. Cramayel, près de Lieusaint; Chamilly, à La Ferté-sous-Jouarre; de Sylvie, à Champgueffier, figurent, avec honneur, parmi les premiers propagateurs de l'espèce mérine dans la Brie.

peaux a gagné aussi; enfin le nombre de têtes a beaucoup augmenté. Nous avons donc bien marché; mais il nous reste beaucoup à faire si nous voulons répondre aux besoins qui se produisent et lutter avec avantage contre la concurrence étrangère.

Deux faits économiques importants se manifestent en ce moment :

1° Le haut prix de la viande, résultat d'une consommation qui augmente chaque année et tendra sans cesse à augmenter;

2° L'importation en Europe d'une quantité considérable de laines étrangères, provenant notamment de l'Australie et du cap de Bonne-Espérance, avec la certitude de voir ce mouvement prendre chaque année plus d'accroissement, soit par la marche progressive imprimée dans les colonies que nous venons de citer, soit par l'adjonction de nouveaux pays producteurs, comme la Russie, soit enfin par l'abaissement successif des droits protecteurs.

Ce nouvel état de choses a fait pousser un cri d'alarme et suscité des inquiétudes. Aujourd'hui, beaucoup de gens éclairés ne sont pas éloignés de penser que le dernier coup est porté à la production des laines fines en France par la concurrence que leur font, sur les marchés de l'Europe, les laines étrangères. Ces dernières laines, disent-ils, sont de très-bonne qualité; elles ne coûtent à peu près rien à produire; elles peuvent être transportées sans grands frais des contrées les plus éloignées du globe. Ce serait donc pour les cultivateurs français suivre une voie funeste s'ils voulaient continuer une lutte qui les conduirait à leur ruine. Ils doivent abandonner la laine pour la viande qui sera toujours difficilement transportée avec avantage de pays plus éloignés. C'est vers ce but qu'il importe de diriger leurs efforts, et, pour l'atteindre, il faut choisir des animaux reproducteurs qui réunissent au plus haut degré les meilleures conditions de développement, de précocité, de facilité à l'engraissement, ainsi que s'y sont appliqués les Anglais avec un succès complet. La laine ne doit plus être qu'un produit secondaire qui viendra s'ajouter à celui de la viande, dont la production sera désormais le but principal du cultivateur.

D'autres prétendent que, sans abandonner aussi complètement la production de la laine, on peut, par des croisements bien entendus avec le sang anglais, avoir tout à la fois et beaucoup plus de viande et une assez bonne qualité de laine.

Enfin, une troisième opinion consiste à soutenir qu'on peut obtenir en viande, avec notre race actuelle, des résultats tout à fait avantageux sans porter atteinte à la qualité de la laine, cette source importante de produit, et que, pour cela, il faut améliorer et non changer.

Ces trois points de vue différents, soutenus avec vivacité, ont donné lieu à des discussions qui ont offert le plus vif intérêt.

De ces observations préliminaires il résulte que trois questions sont à examiner :

1° En présence de la concurrence étrangère, est-il vrai que nous devions renoncer à la laine et ne nous occuper que de la viande ?

2° Doit-on, au contraire, ne pas sacrifier aussi complètement la laine, et, par l'introduction du sang anglais notamment, chercher à obtenir tout à la fois de la viande et de la laine ?

3° Est-il préférable, enfin, de s'en tenir, quant à présent et jusqu'à ce qu'on ait fourni des résultats plus concluants, à notre race actuelle, sauf à l'améliorer ?

PREMIÈRE QUESTION.

Les laines étrangères, et surtout celles de l'Australie, ont depuis vingt-six ans été importées en Angleterre dans une effrayante proportion.

En 1830, époque des premiers envois de l'Australie, l'importation ne dépassait pas 8,000 balles, soit environ 7 à 800,000 kilos.

Depuis elle s'est élevée :

En 1835, à	19,762 balles, soit	1,976,200 kilos.
En 1840, à	51,025	5,102,500
En 1845, à	77,479	7,747,900
En 1850, à	134,636	13,463,600
En 1855, à	158,927	15,892,700

L'importation de l'année 1855, quoique supérieure à toutes les autres, a cependant relativement diminué, à cause de la mortalité considérable qui a sévi sur les troupeaux abandonnés par les bergers qui couraient tous aux mines d'or.

A cette énorme importation, il faut encore ajouter les laines de la Nouvelle-Islande, qui ont atteint, en 1855, 4,265 balles. Nous sommes menacés également par le cap de Bonne-Espérance qui, en 1830, importait 160 balles seulement, et qui en a introduit, en 1855, 38,272.

Enfin, indépendamment de l'Allemagne qui produit une grande quantité de laines fines, la Hongrie et la Russie produisent et produiront chaque année davantage des laines moyennes qui primeraient bientôt les nôtres si nos qualités venaient à diminuer. Il est à présumer que l'Algérie ne tardera pas non plus à apporter un contingent important.

Il est vrai qu'en ce qui concerne l'Algérie, la sécheresse et la chaleur du climat seront un obstacle à la production des laines de qualité supérieure, mais il y aura toujours là le principe d'une certaine concurrence.

Jusqu'à présent la France n'est entrée que faiblement dans cet immense mouvement commercial. La raison en est que l'Angleterre fournit presqu'exclusivement l'Australie des objets nécessaires à sa consommation, et qu'en échange elle lui prend ses produits, sur lesquels elle lui fait même des avances. Le commerce français n'a pu lutter contre l'Angleterre, parce qu'il lui était impossible de trouver de l'argent à avantage égal. Le trafic n'a lieu en Australie qu'en argent anglais; les navires anglais partent chargés de marchandises et reviennent avec les produits agricoles du pays. Les nôtres sont obligés d'aller, pour ainsi dire, sur lest ou de faire escale et de se procurer en Angleterre les fonds nécessaires pour opérer en Australie. C'est vers 1846 que le commerce français a commencé à importer des laines de l'Australie; ces importations n'ont jamais pu atteindre un chiffre élevé; mais cet état de choses changera certainement en présence de l'énorme accroissement de production qui se prépare et qui obligera nécessairement l'Angleterre à partager avec ses rivales un commerce qu'elle a jusqu'à ce jour exploité à elle seule. Quoi qu'il en soit, la France a dû, pour satisfaire aux exigences de notre fabrication, aller acheter en Angleterre les laines de l'Australie dont elle avait besoin. Ce mouvement a commencé par des essais, il y a environ huit ans. Aujourd'hui, ce que nous achetons à Liverpool ne s'élève pas à moins de 20,000 balles, soit environ 2,000,000 de kilos, et ce chiffre tend sans cesse à augmenter.

Les laines de l'Australie se subdivisent en sortes très-diverses dont les emplois sont divers aussi. On ne peut pas les comparer exactement à nos laines de la Brie, parce que ces dernières peuvent produire en fabrication ce qu'il n'est pas possible d'obtenir avec succès par les premières.

Ainsi, les sortes importées de Sydney réussissent dans

la fabrication des nouveautés et font un tissu mince et soyeux, tandis que les laines de la Brie le font trop fort et trop épais pour l'usage actuel. Par contre, les premières ne réussissent pas, du moins quant à présent, pour la draperie, parce qu'elles donnent une étoffe molle et grainant large.

Celles importées de Port-Philippe entrent en concurrence avec les nôtres pour l'emploi du peigne. Néanmoins elles ne possèdent pas encore les propriétés que réunissent les laines de la Brie, considérées sous un point de vue général, et ne leur sont préférées par nos industriels que parce qu'ils se les procurent à des prix moins élevés que ces dernières, ce qui leur permet de livrer à la consommation des étoffes plus fines à des prix inférieurs à celles qui seraient produites par nos laines de Brie. Beaucoup d'autres sortes sont encore importées de l'Australie. Il est inutile d'en parler ici, parce que leur qualité inférieure ne permet pas de les substituer à nos laines.

Mais il importe de faire remarquer que les laines de l'Australie s'améliorent chaque jour, soit comme nature, soit comme finesse. En Australie, où la population est très-restreinte par rapport à l'immense étendue du sol, on ne tient aucun compte de la valeur de la viande, dont la production dépasse la consommation. Tous les efforts des possesseurs de troupeaux se dirigent vers l'amélioration de la laine, afin de trouver sur nos marchés européens un écoulement facile. Aussi les voyons-nous faire transporter à grands frais des animaux reproducteurs qu'ils viennent choisir chez nos meilleurs éleveurs.

Il serait donc puéril de se le dissimuler : nous sommes en face d'une concurrence redoutable.

Est-ce un motif suffisant pour abandonner la production de notre laine? Nous ne le pensons pas.

S'il est vrai que les laines de la Brie ont perdu depuis

vingt ans une partie de leur finesse, parce que nos éleveurs se sont plus attachés à la branche qu'à la race, il est vrai également que nos bonnes laines actuelles sont encore les meilleures du monde. Non-seulement elles sont préférables à toutes les autres sortes connues pour la consommation moyenne, mais elles sont encore extrêmement recherchées pour faire la chaîne des draps qu'on recouvre avec la laine de Saxe. Elles se prêtent admirablement aux exigences de la filature et du foulage. Elles sont propres à toute fabrication. En un mot, leur supériorité, sinon en finesse, du moins en nature, est telle qu'elle sera toujours recherchée par nos in-industriels et par les manufacturiers des puissances voisines qui connaissent parfaitement leur mérite. Si donc nous savons conserver nos bonnes qualités, nous pouvons dire hardiment que nous serons toujours assurés d'un débouché. Sans doute l'immense production de presque toutes les parties du monde pourra diminuer leur valeur intrinsèque, mais elles conserveront toujours leur valeur relative, ce qu'on ne saurait prétendre pour les qualités inférieures, dont le placement pourra devenir, sinon impossible, du moins extrêmement difficile.

DEUXIÈME QUESTION.

Cependant s'il était vrai que le croisement de nos races actuelles avec le sang anglais notamment, dût produire plus de viande et une laine d'une bonne qualité, donnant un prix rémunérateur et trouvant un débouché assuré, qu'ainsi le bénéfice fût définitivement plus grand pour le producteur, il est bien certain qu'il n'y aurait pas à hésiter et qu'il faudrait entrer résolument dans cette nouvelle voie, car la première condition en agriculture, c'est de produire ce qui rapporte le plus. Si l'argent est le nerf de la guerre, il n'est pas moins puissant dans l'industrie agricole; avec de l'argent on améliore la terre, et finalement tout le monde profite de l'aisance du cultivateur, à l'inverse de tant d'autres spéculations où le bénéfice de l'un est trop souvent la ruine de l'autre.

Mais, jusqu'à présent, il ne paraît pas qu'aucun résultat positivement concluant soit encore venu justifier suffisamment l'opinion de ceux qui pensent qu'il faut modifier nos races.

Il résulte des expériences qui ont été tentées que l'acclimatation des moutons anglais n'a généralement pas réussi sous le climat des environs de Paris, dont nous avons seulement à nous préoccuper ici.

Ces animaux, habitués à une température plus uniforme et plus humide, n'ont pas bien supporté la variation de notre atmosphère. Il leur faut le repos, et ils s'habitueraient difficilement au mouvement presque forcé de nos troupeaux, obligés d'aller pacager à des distances souvent assez éloignées. Bref, on ne saurait engager aucun cultivateur à tenter une entreprise qui jusqu'à présent a échoué.

Les croisements, notamment ceux du dishley avec nos métis-mérinos, ont mieux réussi. Plusieurs éleveurs, parmi lesquels figurent en première ligne M. Pluchet, de Trappes, dans le département de Seine-et-Oise, M. Fournier, de Rutel, et M. Gareau, dans notre département, ont, indépendamment des expériences tentées à Alfort et dans d'autres établissements du Gouvernement, dans un but il est vrai un peu différent, obtenu des résultats satisfaisants au point de vue de l'acclimatation, de la précocité et de la facilité à l'engraissement.

Il paraît ressortir de ces expériences que les croisements obtenus avec les dishley et les analogues, dans des proportions de sang plus ou moins fortes, sont plus précoces et plus faciles à engraisser que nos métis-mérinos. Il est généralement admis qu'à deux ans et demi les moutons dont il s'agit sont bons pour la boucherie, tandis que nos métis-mérinos, avec le même régime, ne seraient complètement développés que de quatre à cinq ans. Les premiers sont moins difficiles pour la nourriture; ils mangent, au pâturage, beaucoup d'herbes que les autres rejettent; ils n'ont pas besoin d'autant de grain.

Quant aux croisements avec les southdown, ils n'ont pas été tentés sur des bases assez larges pour qu'on puisse émettre réellement un avis. Mais il est à présumer qu'on obtiendrait des résultats aussi satisfaisants qu'avec les dishley, sauf le volume dont il ne faut pas trop se préoccuper, car plus la bête aura de la branche, plus il lui faudra de nourriture, de sorte qu'en pareil cas la quantité pourra toujours compenser le volume. De plus, il est bon d'ajouter que la laine du southdown est plus fine que celle du dishley.

Nous ne parlons pas des costwold, sur lesquels nous ne sachions pas qu'aucun essai ait été tenté.

Quoi qu'il en soit, les éleveurs qui ont fait des croisements avec le dishley ont cherché à se rendre compte de leur tentative, et M. Fournier notamment a donné, en chiffres, le résumé de ses observations.

Nous les rappelons ici :

« Nous prenons, dit M. Fournier, une période de cinq « années, période de la croissance d'un mouton métis-mé- « rinos, et nous comptons, du jour de la naissance du « mouton métis-mérinos au jour de la vente, cinq ans.

« Voici les produits qu'il aura donnés :

« De cinq à six mois, une toison agnelin..	4 fr.	»	c.
« Quatre toisons et demie, laine à 12 fr..	54	»	
A reporter...........	58	»	

Report...............	58 fr.	» c.
« Vente du mouton, sans laine, pour la boucherie........................	40	»
« Total.........	98	»
« En cinq années il sera vendu :		
« Deux moutons et demi croisés anglais, « à 40 fr............................	100	»
« En deux ans il sera vendu :		
« Une toison agnelin de cinq à six « mois........................ 4 fr.		
« Une toison et demie, laine à 10 fr. 15		
« Deux fois et demie 19 font	47	50
« Total...........	147	50
« En supposant deux élèves au lieu d'un « seul, j'admets que le deuxième agneau et le « demi mangent, pendant neuf mois, pour dix « centimes de grain par jour; deux cent « soixante-quatorze jours, à dix centimes, à « déduire...........................	27	50
« Total.........	120	»
« La différence entre les deux races est donc « celle-ci :		
« L'élève des moutons dishley-mérinos rap- « porte en cinq ans...................	120	»
« Le mouton métis.................	98	»
« Différence en faveur des premiers.....	22	»

« J'ajouterai que, la plupart du temps, nos moutons avec « sang anglais peuvent se vendre pour la boucherie sans « nourriture extraordinaire, c'est-à-dire qu'ils peuvent être

« pris dans le tas sans engraissement. Il n'en est pas de « même des métis-mérinos, même à cinq ans.

« Une autre considération qui n'est pas sans importance « est celle-ci :

« Un mouton métis-mérinos de cinq ans, abattu, fait un « déchet de 55 pour 0/0; un mouton dishley-mérinos ne « perd que 50 pour 0/0. Ainsi, un mouton mérinos de « 50 kil. brut fera 22 kil. 50 de viande; un mouton dishley « de deux ans, de 50 kil. brut, fera 25 kil. de viande. Si « nous comptons les 2 kil. 1/2 de viande à 1 fr. 50 c., cela « fait 3 fr. 75 c. C'est une marge assez considérable jointe à « la qualité de la viande, qui est de beaucoup supérieure, et « qu'on pourrait estimer, en argent, à dix centimes le kilo; « sur 25 kil., c'est encore 2 fr. 50 c. de plus à ajouter à la « balance en faveur du sang croisé anglais. »

Il est certain que si ce résultat était assuré, il n'y aurait pas à hésiter. Mais d'assez graves objections ont été soulevées.

Les expériences tentées jusqu'à ce jour dans notre département, a-t-on dit, ne l'ont été que sur une échelle assez restreinte, et il ne faut pas se baser sur celles qui ont été faites dans d'autres localités : les conditions de climat, de nourriture, etc., pouvant offrir de grandes différences que des observations exactes et répétées peuvent seules rendre sensibles. D'ailleurs, dans la plupart des autres départements où les troupeaux sont généralement médiocres, on a beaucoup à gagner et peu à perdre. Ceux qui ont suivi la voie nouvelle sont des hommes fort intelligents et en état de faire de grands sacrifices. Ils ont choisi leurs reproducteurs avec le plus grand tact, écarté tous les animanx défectueux, apporté tout le soin possible à leur entreprise, et, comme tous les novateurs consciencieux, ils n'ont rien négligé pour en assurer le succès. D'un autre côté, et aussi comme tous les novateurs, ils ont pu s'illusionner sur les dépenses, et partant sur les bénéfices. Ainsi, est-il bien sûr que les deux moutons et demi dont il est question ci-dessus n'auront pas coûté à nourrir plus qu'un mouton métis-mérinos? Est-il bien certain que le croisé vaudra, en moyenne, 40 fr. à deux ans? Est-il bien certain encore que la toison se vendra 10 fr.? Cela est fort douteux, car il faut prendre un ensemble et non quelques individus isolés, ou même encore un troupeau qui aura été l'objet de soins tout particuliers.

Si la même attention, si les mêmes soins avaient été portés sur un troupeau métis-mérinos, élevé autant pour la viande que pour la laine, bon, par conséquent, à livrer au boucher avant cinq ans, ne pourrait-on pas soutenir que les avantages signalés plus haut seraient fort amoindris ?

Il est bien vrai que le croisé anglais est moins délicat pour la nourriture que le métis-mérinos; mais on n'a pas encore prouvé d'une manière parfaitement concluante que la faculté d'assimilation était réellement plus grande. On a pu mettre des croisés anglais dans la même bergerie avec des métis-mérinos et les soumettre au même régime, puis voir les croisés profiter plus vite que nos moutons; mais rien ne dit que le premier n'a pas absorbé plus de nourriture que le second, et c'est là, après tout, ce qu'il faudrait bien établir. Admettons que l'un étant moins délicat que l'autre, il y a avantage en faveur de la bête plus rustique. Nous le voulons bien. Mais toujours est-il que le résultat, comme produit, n'est plus alors le même que celui signalé par M. Fournier.

D'un autre côté, nul ne pourrait prétendre et prouver, à l'aide de faits concluants, qu'on soit aujourd'hui assuré de la fixité des races croisées. M. Pluchet, de Trappes, malgré ses soins et sa persévérance, n'est pas encore assuré de la fixité de sa race dishley-mérinos. C'est une question fort grave que celle de savoir jusqu'à quel point il est donné à l'homme de changer les races et de *fixer* les produits qu'il obtient par les croisements, et en présence du doute exprimé par les Daubenton, les Cuvier, les Tessier, les Gilbert, et tant d'autres, il est bien permis d'hésiter.

Reste la laine, et c'est une des plus graves objections qu'on puisse élever.

Toutes les laines des races anglaises sont communes et impropres au feutrage, sauf de rares exceptions. Si la laine des croisements obtenus par MM. Pluchet et Fournier notamment, peut s'employer aujourd'hui pour le peigne, c'est qu'elle conserve encore de la race primitive. Pour la fabrication des draps, elles réussiront mal quand elles seront employées seules, parce qu'elles feront un drap dur, épais, graineront large et donneront un tissus sec, sans souplesse ni soyeux. Dépouillées du sang primitif, elles deviendront communes, et la preuve résulte de l'abaissement des produits croisés comparativement à la qualité des auteurs primitifs. A l'égard du rendement, il peut être, dans la race ancienne comme dans la race croisée, plus ou moins bon, parce qu'il dépend entièrement du plus ou moins de soins apportés dans la bergerie.

Le troupeau de M. Dutfoy a été payé, en 1855, 15 fr. 70 c. la toison, et, en 1856, 19 fr. 75 c., tandis que M. Fournier a déclaré qu'il avait vendu 10 fr., et si, après six années de croisements, il lui faut encore quatre ans pour arriver complètement à son but, la toison pourra diminuer encore de valeur.

Les laines de la Brie, malgré l'affluence des laines étrangères, auront toujours un débouché, tandis que les laines croisées risquent d'en manquer. Ces dernières devront combattre la concurrence, non-seulement des produits similaires qui augmenteront chaque jour davantage, mais encore des laines de l'Angleterre, de l'Afrique, des États Barbaresques, de la Turquie, des provinces Danubiennes, etc.

Telles sont, en résumé, les observations principales qui ont été faites sur cette question.

Néanmoins, elle est tellement grave, elle intéresse si grandement l'avenir agricole de notre département, que la Commission a cru devoir émettre le vœu que le département et le Gouvernement fournissent les fonds nécessaires afin de tenter des expériences sur une échelle assez vaste pour permettre d'arriver à des données certaines. Elle a pensé qu'il serait possible de placer chez un ou plusieurs cultivateurs, moyennant une indemnité, des troupeaux qui seraient croisés suivant les indications des hommes les plus compétents et sous la surveillance d'hommes spéciaux, désignés à cet effet par le Gouvernement. Elle a l'espoir que ce projet serait accueilli favorablement par le Conseil général et l'administration supérieure, et elle appelle vivement votre attention, Monsieur le Préfet, sur cet objet important.

TROISIÈME QUESTION.

Ce qui vient d'être dit fait suffisamment pressentir que, dans l'état actuel de la question, on pourrait s'exposer à des mécomptes, si l'on transformait les troupeaux que nous possédons.

En l'absence de faits pratiques suffisamment probants, elle a pensé que notre département possédant une bonne race, il serait téméraire de ne pas prémunir le plus grand nombre des cultivateurs contre des changements qui mènent du certain à l'incertain. Avant de porter le trouble dans une industrie dont les avantages sont connus, il lui a paru qu'il fallait attendre le résultat d'expériences répétées, de faits bien observés, bien étudiés et mis à jour par une comptabilité de plusieurs années. Mais si cet avis s'adresse à la généralité des cultivateurs, elle ne peut que donner de vifs encouragements aux hommes distingués qui ont voulu ouvrir une voie nouvelle, et elle espère que leur petit nombre augmentera.

Néanmoins, s'il est bon de conserver notre race, au moins, quant à présent, la Commission ne saurait trop engager les cultivateurs à ne pas rester stationnaires. Elle pense qu'il est possible, tout en conservant la qualité et le poids de la toison, d'obtenir plus de précocité, c'est-à-dire plus de chair dans un âge moins avancé.

Sans doute, s'il s'agissait de faire des moutons fins gras, la laine devrait perdre de sa qualité, car en mettant beaucoup de graisse sous la peau on diminue l'action de la peau et l'on durcit la laine. Mais en France nous aimons moins la graisse qu'en Angleterre, et nous préfèrerons toujours un animal gras à un animal fin gras. De même un mouton moyen aura plus de débit qu'un mouton d'une trop grande taille, parce qu'il y a plus d'amateurs pour un gigot de 2 à 3 kil. que pour un de 4 à 5 kil. Nous ne cherchons pas non plus à faire de la laine de Saxe ou de Silésie.

Le choix de bons reproducteurs mâles et femelles, les soins apportés dans l'alimentation et l'hygiène des troupeaux doivent améliorer une race déjà fort belle, mais qui peut encore beaucoup gagner.

Lorsque le célèbre éleveur anglais Bakewell a commencé à mettre en pratique le système qui a transformé les races de son pays d'une manière aussi admirable, les moutons de l'Angleterre étaient loin d'être ce qu'ils sont aujourd'hui. Ils valaient même relativement beaucoup moins que les nôtres sous tous les rapports. Rien ne dit que notre race n'est pas susceptible de grands perfectionnements. Tout le prouve, au contraire, et ne pas le reconnaître ce serait nier les éminents services rendus par nos éleveurs, lauréats de 1856 à si juste titre, et par ceux du département de l'Aisne et de la Bourgogne, qu'il y aurait injustice à ne pas citer ici.

Nous terminons, sur cette troisième question, en rappelant ce qu'à la fin d'une de nos séances nous disait M. Yvart, avec l'autorité qui s'attache à son nom : « Le département de « Seine-et-Marne doit être le plus ménager de ses trou- « peaux, parce qu'il possède une bonne race et qu'il produit « l'une des meilleures laines du monde. »

De ce débat que résulte-t-il? C'est qu'il faut marcher avec prudence dans la voie des innovations et avancer résolûment dans la voie des améliorations. A ce prix seul la lutte est possible, et seulement ainsi la Brie pourra soutenir longtemps encore avec honneur et profit la vieille réputation que ses troupeaux lui ont si justement acquise.

Un homme éminent racontait dernièrement que l'empereur Sévère, porté au trône des Césars par la gloire et la fortune, surpris par la mort à York, disait à l'ami qui, penché sur sa couche, soutenait sa tête accablée : « J'ai été toutes choses, et rien ne vaut. » Puis, cet illustre mourant voyant s'avancer le centurion qui chaque matin venait lui demander le mot d'ordre, il se leva sur son séant et lui dit d'une voix ferme : « Travaillons! » Ce fut sa dernière parole.

Que ce soit aussi la nôtre. Mais ce n'est pas en gens désabusés ni à des hommes découragés que nous donnons ce mot d'ordre; c'est, au contraire, pleins de foi dans l'avenir de notre beau département que nous nous adressons à des hommes doués d'autant d'énergie que d'intelligence, et qui marchent dans la carrière avec la conscience d'avoir bien fait et le légitime espoir de faire mieux encore.

Le rapporteur,

TEYSSIER DES FARGES.

RAPPORT

ADRESSÉ

A M. LE PRÉFET DE SEINE-ET-MARNE

SUR

L'ESPÈCE PORCINE & LES OISEAUX DE BASSE-COUR.

Monsieur le Préfet,

La Commission départementale instituée l'année dernière, sous la présidence de M. Drouyn de Lhuys, pour étudier les produits de l'exposition universelle de l'industrie, au point de vue des intérêts agronomiques du département de Seine-et-Marne, a été chargée de remplir cette même mission dans le concours agricole universel qui vient d'avoir lieu avec tant d'éclat à Paris, du 1er au 10 juin dernier. Cette remarquable exposition embrassait, dans son vaste ensemble, trois grandes divisions : les instruments, les produits et les animaux. Quant à cette dernière catégorie, qui, dans cette réunion d'animaux reproducteurs appartenant à toutes les races et venus de toutes les contrées de l'Europe, offrait aux cultivateurs un spectacle aussi attachant que nouveau, et aux agronomes un sujet inépuisable de comparaisons et d'études, la Commission générale, pour simplifier son travail et faciliter ses opérations, a cru convenable de se diviser en trois sous-commissions spéciales : l'une, pour l'espèce bovine; l'autre, pour l'espèce ovine; la troisième, enfin, pour les autres espèces exposées, et notamment pour l'espèce porcine et les oiseaux de basse-cour.

Nous venons, Monsieur le Préfet, vous communiquer le résultat de notre examen et de nos appréciations, au nom et comme secrétaire-rapporteur de cette dernière sous-commission, composée de :

MM. Vielot, *président*,
Josseau, *vice-président*,
De Colombel, *secrétaire-rapporteur*,
Vte de Valmer,
Le Pelletier de Glatigny,
Carro,
Michelin,
Leblanc,
Chalambel,
Mis de Mun,
Devert,
Falcou,
Jacotin,
Michaud,
Et Prévost.

ESPÈCE PORCINE.

Avant de vous conduire, Monsieur le Préfet, sur le terrain même du concours que nous devons examiner, permettez-nous de réhabiliter, pour ainsi dire, cette espèce porcine jusqu'à présent trop dédaignée, et de faire ressortir en quelques mots l'importance de perfectionner les races de ces animaux éminemment utiles.

En présence des besoins alimentaires, chaque année plus étendus, d'une population sans cesse croissante; en présence de ces crises de subsistances qui viennent presque périodiquement affliger nos contrées, chacun doit reconnaître l'utilité, disons même la nécessité, d'augmenter la production de la viande; tout ce qui touche à cette question capitale de l'alimentation publique, tout ce qui peut contribuer, même dans une faible mesure, à la solution de ce grand et difficile problème de la vie à bon marché, doit donc éveiller l'attention et la sollicitude de tous.

Or, sous ce point de vue, nous ne craignons pas de le dire, le porc est, de tous les animaux domestiques, l'un des plus utiles, l'un des plus profitables; il n'est peut-être aucune espèce animale qui puisse donner, à égalité de temps et de dépenses, une aussi grande quantité de substance alimentaire; il ne fournit pas seulement une chair nutritive, agréable et salubre, malgré quelques préjugés contraires, il procure, en outre, aux ménages pauvres, la graisse nécessaire à la préparation des aliments végétaux; puis, si l'élève des bœufs et des moutons ne convient qu'aux grandes fermes, l'élève des porcs est à la portée des moindres exploitations rurales. C'est l'animal par excellence de la petite propriété et de la petite culture; omnivore, il peut utiliser dans chaque maison du village, pour ainsi dire, bien des résidus qui, sans lui, seraient souvent perdus. Sa rapidité d'accroissement, puisqu'il peut être livré à la consommation dès l'âge de huit à dix mois, et sa fécondité singulière le recommandent encore tout particulièrement aux éleveurs. Une porcherie constitue, en un mot, une véritable fabrique de viande à bon marché. Il est donc de la plus haute importance, pour notre département surtout, toujours assuré de trouver sur les marchés de la métropole un large et lucratif débouché de ses produits, de multiplier son espèce porcine et de régénérer ses races indigènes par des croisements judicieux avec certaines races étrangères.

L'exposition dernière nous montrait d'assez nombreux et quelques remarquables spécimens de ces porcs perfectionnés devenus, par leur savante conformation, de véritables types de l'animal destiné à l'abattoir. Il est, en effet, une remarque générale qui doit précéder nos observations particulières, c'est que les exposants semblaient avoir préparé leurs sujets bien plutôt pour un concours de Poissy que pour un concours d'animaux reproducteurs; ils ont, selon nous, généralement tenu trop peu de compte de l'art. 4 de l'arrêté ministériel relatif à la répartition des prix, article ainsi conçu :

« Sont exclus tous les animaux reconnus par le jury « comme ayant atteint un engraissement exagéré. »

En effet, plusieurs des individus exposés, qui étaient, permettez-moi cette expression, de vraies pelottes de graisse, plutôt que des étalons modèles conservant, avec l'harmonie de leurs formes, l'intégrité de leurs facultés reproductrices, ont été frappés d'une juste exclusion.

Ces réserves faites, il s'agit maintenant d'indiquer à nos cultivateurs de Seine-et-Marne quels types ils doivent choisir pour améliorer leur espèce porcine. L'appréciation de la meilleure race de porcs ne soulève pas d'ailleurs les mêmes difficultés que celle des meilleures races de bœufs ou de moutons. L'espèce bovine est appelée à produire du lait, de la viande et souvent du travail; l'espèce ovine, de la viande et de la laine, et cette destination complexe de chacun de ces animaux rend à leur égard le problème du choix des races plus compliqué et plus difficile.

Le porc est, au contraire, un animal exclusivement alimentaire, et le but unique de celui qui l'élève, c'est de produire, en temps donné et à prix égal, la meilleure qualité et la plus grande quantité de viande possible; or, à cet égard, s'il est une vérité déjà admise et qui ressorte avec une nouvelle évidence du concours de 1856, c'est la supériorité des sujets de race améliorée sur nos races françaises; ces dernières présentent en général, dans leur conformation, de graves défauts; leurs jambes hautes, leur corps mince et allongé, leur poitrine étroite, leur longue tête, en un mot leur charpente osseuse trop développée doit les faire absolument proscrire de nos fermes, d'autant plus qu'elles manquent de précocité, cette qualité précieuse qui favorise également l'intérêt particulier du producteur et l'intérêt général de l'alimentation publique.

De ces diverses races indigènes, la moins défectueuse nous a paru être la race craonnaise, qui joint à une plus grande précocité que les autres une taille moins élancée et une conformation plus cylindrique. Toutefois, cette race estimable demande à être améliorée par le sang étranger et ne saurait nous fournir encore de bons types reproducteurs.

L'Autriche nous avait envoyé un assez grand nombre de sujets qui offrent, à un degré plus prononcé encore que les précédents, les mêmes défauts d'une conformation vicieuse et d'une croissance tardive. Quelques-uns même rappellent singulièrement le sanglier, cette souche originaire, il est vrai, mais aussi cette ébauche grossière de nos cochons domestiques, et le contraste de leurs formes presque sauvages avec les spécimens perfectionnés exposés par nos voisins d'outre-Manche, est une preuve frappante des transformations successives que peuvent obtenir la science et le jugement de l'éleveur.

Les races britanniques, pures ou croisées, l'emportent évidemment, il faut bien l'avouer, sur nos races indigènes et *à fortiori* sur les races autrichiennes et par la perfection des formes et par la précocité des sujets exposés.

Les Anglais ont appliqué au grand art de l'agriculture et à la science du perfectionnement des races des animaux domestiques cette *tenacité saxonne* qui est un des traits les plus saillants de leur caractère national et une des principales causes de leur prospérité agricole, et le succès a couronné leurs efforts, leurs expérimentations et leur infatigable persévérance. A la suite de croisements judicieux, continués pendant longtemps avec un soin scrupuleux, ils sont parvenus à créer et fixer des races nouvelles bien supérieures aux souches primitives, et c'est dans ces animaux perfectionnés de la Grande-Bretagne que notre département doit continuer à rechercher les étalons destinés à régénérer notre espèce porcine.

Parmi les grandes races de ce pays, celles du Berkshire, de l'Yorkshire et du Surrey sont les plus avantageuses et doivent le plus particulièrement attirer l'attention de nos éleveurs. Citons comme échantillons remarquables de ces races à grande taille qui, dans certaines conditions de vente et de débouché, peuvent devenir fort profitables, les deux sujets nés dans notre département et exposés, sous les numéros 2122 et 2127, par un des membres les plus distingués du comice agricole de Meaux, par M. Fournier, de Rutel; ce sont deux truies du Berkshire, à poil noir et blanc, âgées l'une de vingt-six et l'autre de trente-huit mois; la première a obtenu une deuxième mention du jury du concours; si la seconde, fort bel animal d'ailleurs, ne figure pas sur la liste générale des récompenses, c'est qu'ayant déjà reçu le quatrième prix au concours universel de Paris de 1855, elle ne pouvait, cette année, être nommée de nouveau qu'avec un prix supérieur, et ces prix étaient vivement disputés par nos premiers agronomes de

France : MM. de Behague, de Dampierre, de Falloux, Colleau de Maurevert (Seine-et-Marne).

La Commission a remarqué, parmi les races indigènes pures, une très-belle truie, de la fécondité de laquelle on pouvait juger par ses onze petits qui l'accompagnaient. Cette truie a valu le deuxième prix à M. Paul Cère, de Montevrain (Seine-et-Marne).

Tout en reconnaissant les mérites des grandes races anglaises que nous citions tout à l'heure, nous devons dire cependant que nos cultivateurs préfèrent en général, et avec raison, selon nous, les petites races, supérieures aux grandes par leur aptitude à l'engraissement, leur précocité et même la qualité de leur viande, et qui sont en outre, dans bien des circonstances, en raison même de la petitesse de leur taille, d'une vente plus facile et d'une consommation plus commode ; nous devons vous signaler dans cette catégorie, qui peut livrer ses sujets aux abattoirs dès l'âge de huit à dix mois, le new-leicester blanc, le hampshire noir et blanc et l'essex noir. Observons toutefois que le new-leicester qui, dans l'exposition française, a obtenu les principaux prix, a certes une admirable conformation, au point de vue alimentaire, mais manque de fécondité, qualité d'autant plus précieuse qu'en elle résident les ressources de l'avenir.

Aussi les Anglais, qui nous ont précédé dans la carrière du perfectionnement des animaux domestiques et qui, malgré nos progrès incontestables, conservent quelque avance sur nous dans cette science pratique, œuvre successive du temps et de la persévérance, semblent avoir déjà substitué des races plus récentes encore et de plus en plus améliorées à celles que nous venons de vous recommander comme les plus distinguées de nos porcheries françaises. Le yorkshire blanc et noir, à petite taille, et surtout le middlesex paraissent aujourd'hui être les races préférées de l'autre côté de la Manche, parce qu'elles sont plus entrelardées.

Rappelons toutefois aux cultivateurs, pour les prémunir contre des entraînements irréfléchis, que la transformation d'une race ne doit se faire que progressivement et avec une sage lenteur; qu'elle doit même être subordonnée à l'amélioration des conditions de nourriture et de traitement au milieu desquelles elles sont appelées à vivre et à se reproduire; qu'il faut éviter de compromettre des progrès déjà acquis par des croisements inconsidérés et précipités, et qu'enfin la supériorité de ces nouvelles races britanniques sur nos races de même origine, mais fixées et acclimatées en France, de l'Hampshire et de l'Essex, n'est pas tellement évidente qu'il faille immédiatement abandonner ces dernières dont nous constatons chaque jour les excellentes qualités. Quoi qu'il en soit, il y a là matière à expérimentations curieuses que nous proposons à l'intelligente activité de nos propriétaires amateurs.

Quelles que soient du reste les races que choisiront les éleveurs, qu'ils n'oublient jamais qu'une des conditions essentielles du succès dans l'élève des porcs, ce sont les soins d'entretien et de propreté qu'ils exigent impérieusement. Le porc, malgré le préjugé contraire si fortement enraciné dans nos campagnes, malgré la signification si généralement admise de son nom vulgaire, est un animal qui ne se porte et ne s'engraisse jamais mieux que sur de la litière fraîche et dans une loge tenue proprement. Si dans nos basses-cours il semble quelquefois rechercher les trous boueux et les mares infectes, c'est qu'il a absolument besoin de se baigner et qu'il est bien obligé de le faire dans la seule eau mise à sa disposition.

Le pansage à la main, si fortement recommandé pour la santé des chevaux, n'est pas non plus sans influence sur celle des porcs.

Mais ces considérations accessoires nous entraîneraient trop loin, et nous formulerons ainsi les conclusions de notre rapport.

En résumé, la Commission départementale de Seine-et-Marne est d'avis que nos cultivateurs doivent choisir dans les races porcines anglaises, de dernière ou d'avant-dernière création, les types reproducteurs destinés à régénérer nos races indigènes, qu'il faut rendre plus épaisses, plus trapues et plus précoces.

Cependant, la Commission croit devoir recommander spécialement aux cultivateurs de Seine-et-Marne le porc anglo-normand qui, parmi nos races indigènes, est celle dont la viande est la meilleure. Cette race se distingue aussi par sa fécondité.

Ces étalons étrangers, qui commencent d'ailleurs à se multiplier dans notre département, sont de vrais modèles de conformation par leur corps cylindrique, leur dos large et plat, leur poitrine développée, la petitesse de leurs os et la finesse de leur peau. Ils possèdent, en outre, ce mérite si précieux de la précocité qui, quoi qu'on en dise, ne nuit pas à la qualité de leur viande. Ce sont donc, en définitive, les races de l'avenir, et le dernier et brillant concours agricole universel de Paris vient de nous démontrer une fois de plus leur supériorité incontestable et sur nos races indigènes et sur les autres races étrangères de l'Autriche ou de la Suisse.

OISEAUX DE BASSE-COUR.

Les oiseaux de basse-cour, trop souvent négligés dans nos exploitations rurales et si longtemps dédaignés dans nos concours régionaux agricoles, bien qu'ils puissent devenir pour l'éleveur une source féconde de revenus, devaient naturellement figurer dans une exposition universelle des produits vivants de l'agriculture européenne. Ces intéressants animaux, qui contribuent pour des sommes considérables, sous forme de chair ou d'œufs, à l'alimentation des grands centres de population, ont en effet, surtout pour les départements limitrophes de Paris, une importance qu'on ne saurait méconnaître; le choix des races les plus avantageuses sous le double rapport de la ponte et de l'aptitude à l'engraissement, mérite donc l'attention toute particulière des cultivateurs de notre contrée, assurés de trouver constamment sur les marchés parisiens l'écoulement lucratif de leurs œufs et de leurs élèves.

Le concours universel de Paris mettait en présence, dans la famille des gallinacées, un grand nombre de races diverses représentées chacune par quelques lots. Disons tout d'abord que plusieurs de ces races étrangères, celles dites de combat, de Breda, et d'autres encore qu'il est inutile de citer, ne possèdent que des volailles de luxe qui peuvent sans doute piquer la curiosité de riches amateurs, mais qui ne sauraient jamais être introduites avec avantage dans les basses-cours de nos fermes de Brie. Nous les passerons donc sous silence dans notre rapide revue et ne nous occuperons que de celles qui se distinguent par leurs qualités réellement utiles.

Sous ce rapport, il est une race indigène éminemment recommandable, c'est la race normande dite de Crèvecœur; ces poules huppées et à plumage noir sont peut-être un peu plus délicates que nos poules communes; mais elles offrent sur ces dernières plusieurs avantages incontestables; leur corps est plus volumineux, leurs œufs sont plus gros et leur précocité est plus grande. C'est une excellente race de ferme, déjà acclimatée d'ailleurs dans notre pays, comme le prouvent surabondamment les lots remarquables et primés exposés dans le dernier concours par un des membres du comice de Meaux et en même temps un des plus habiles éleveurs de notre département, M. Fontaine, de Roize, qui a eu le quatrième prix.

Nous devons ajouter que les volailles de Crèvecœur, originaires de cette belle vallée d'Auge, qui fait la richesse du département du Calvados, ont été importées depuis longtemps déjà et perfectionnées en Angleterre, d'où nous viennent aujourd'hui leurs plus beaux types reproducteurs.

La poule cochinchinoise est avantageusement connue de toutes nos ménagères et pour sa grosseur et pour sa précieuse qualité de très-bonne couveuse. Les coqs de cette espèce sont souvent choisis, comme étalons, pour augmenter la taille de nos poules ordinaires. Quelques défauts viennent contre-balancer ces qualités. Ainsi cette race, moins précoce que la précédente, craint beaucoup l'humidité; le coq est sans ardeur, et il faut en doubler le nombre pour obtenir les mêmes résultats qu'avec nos coqs ordinaires; la poule est une pondeuse féconde, il est vrai, mais elle donne de fort petits œufs qui subissent, par cela même, sur nos marchés une notable dépréciation. La chair de ces poules est jaunâtre et d'une qualité inférieure. Mais ces poules, croisées avec les coqs du Mans, s'améliorent sensiblement et donnent des produits remarquables.

Le dorking, qui offre une grande similitude avec nos races normandes à cinq ergots, est la poule commune améliorée de l'Angleterre. C'est encore une espèce à propager, tant à cause de son aptitude à l'engraissement que de sa qualité de bonne pondeuse. Moins grosse que la cochinchine, mais presque aussi forte et aussi précoce que le crèvecœur, elle pourrait s'acclimater facilement dans nos exploitations rurales.

La race russe qui, il y a quelques années à peine, était très-recherchée par nos éleveurs, qui lui demandaient surtout des étalons améliorateurs, n'a d'autre mérite que sa grande taille, et sous ce rapport elle est aujourd'hui avantageusement remplacée par les cochinchines.

La race du Mans, si honorablement connue des gastronomes, péche par la taille et la précocité, et ne convient pas au but que doivent se proposer nos éleveurs de la Brie.

Quant aux races de Houdan et de Caux, qui ne sont pas certes sans mérites, qui nous fournissent des animaux précoces, de bonnes pondeuses, et des volailles de table délicates, nous leur adresserons cependant un reproche essentiel, qui doit les faire exclure de nos fermes de Brie : c'est de manquer de pureté de race, et d'être par suite sujettes à une dégénérescence prompte et facile. Quand on veut améliorer radicalement une espèce animale, mieux vaut sans doute choisir les races les plus parfaites et les plus anciennement fixées.

Le pigeon, vous le savez, Monsieur le Préfet, est aujourd'hui considéré par presque tous les agronomes comme un animal nuisible, qui, en mangeant les semences de nos champs, prélève un impôt considérable sur la production. Il est proscrit, et avec juste raison, selon nous, dans notre département; il devient donc complètement inutile; il serait même peu convenable de vous en parler ici plus longuement.

La pintade, encore très-peu répandue dans notre pays, est un oiseau originaire d'Afrique et qui redoute par suite le froid et surtout l'humidité. Il peut toutefois, avec quelques soins, s'acclimater dans nos basses-cours et l'éleveur serait récompensé de ses peines par la délicatesse de ses œufs et de sa chair. En Angleterre, pays encore plus humide que le nôtre, on en élève un assez grand nombre, et c'est une espèce fort estimée et assez lucrative à cause, non-seulement de ses qualités alimentaires, mais aussi de sa précocité qui permet de la servir sur les tables à une époque où les volailles sont excessivement rares et fort chères.

Telles sont, Monsieur le Préfet, les observations que nous ont suggérées la visite et l'étude attentives de l'espèce porcine et des gallinacées de l'exposition universelle agricole de Paris; telles sont les conclusions adoptées à la suite d'une discussion contradictoire.

Si ces observations, adressées sous forme de conseils à nos cultivateurs de Seine-et-Marne, ont quelque valeur et quelque autorité, malgré notre incompétence personnelle, elles le devront à quelques membres expérimentés de notre sous-commission.

Le rapporteur,

DE COLOMBEL.

Taureau durham, blanc, âgé de 17 mois. (Page 7 du texte.)

Taureau de race Ayrshire, noir et blanc. (Page 9 du texte.)

Taureau de race charollaise. (Page 19 du texte.)

Taureau de race agenaise. (Page 20 du texte.)

Taureau comtois, pelage rouge et blanc. (Page 20 du texte.

Taureau de race pure Angus. (Page 9 du texte.)

Taureau hollandais, noir et blanc. (Page 11 du texte.)

Taureau flamand, rouge-brun. (Page 19 du texte.)

Verrat craonnais, blanc, âgé de 24 mois et demi. (Page 55 du texte.)

Verrat de race Berkshire, noir et blanc. (Page 54 du texte.)

Truie de race Yorkshire. (Page 54 du texte.)

Verrat Essex, âgé de 24 mois. (Page 55 du texte.)

Bélier mérinos, âgé de 30 mois. (Page 32 du texte.)

Bélier dishley, âgé de 24 mois. (Page 40 du texte.)

Bélier southdown, âgé de 30 mois. (Page 41 du texte.)

Bélier de New-Leicester, âgé de 48 mois.

EXTRAIT,

EN CE QUI CONCERNE LE DÉPARTEMENT DE SEINE-ET-MARNE,

DE LA

LISTE DES RÉCOMPENSES

DU CONCOURS AGRICOLE UNIVERSEL DE 1856.

Espèce bovine.

Race normande pure.

Femelles.

6e prix : M. Dubourg, au Plessis-l'Évêque.

Race flamande pure.

Mâles.

2e prix : M. Garnot (H.), à Réau.
3e prix : M. Michon, à Jouarre.

Femelles.

1er prix : M. Dutfoy, à Réau.
4e prix : M. Gervais, à Mary.
5e prix : M. Michon, à Jouarre.

Race bretonne pure.

Femelles.

5e prix : S. A. la princesse Bacciochi, à Fontenay-Trésigny.
7e prix : M. Giot, à Chevry-Cossigny.
Mention honorable : Le même.

Races diverses.

Femelles.

M. Giot, à Chevry.

Race hollandaise pure.

Mâles.

1er prix : M. Gilles, à Thieux.
3e prix : M. Chartier, à Annet.

Sous-races diverses.

Mâles.

2e prix : M. Giot. (Durham-manceau).

Espèce ovine.

Mérinos et métis-mérinos.

Mâles nés depuis le 1er novembre 1854.

5e prix : M. Colleau, à Chaumes.
6e prix : M. Durand, à Maison-Rouge.

Mâles nés avant le 1er novembre 1854.

2e prix : M. Dutfoy, à Réau.
3e prix : M. Gilles, à Thieux.

Femelles nées depuis le 1er novembre 1854.

1er prix : M. Dutfoy, à Réau.
8e prix : M. Garnot, à Crisenoy.

Races southdown et analogues.

Femelles.

3e prix : S. A. la princesse Bacciochi, à Fontenay.

Races étrangères, à laine courte.

Mâles.

2e prix : M. Allier fils, à Limoges-Fourches.

Sous-races diverses.

Mâles.

2e prix : M. Gareau, à Bréau. (Bélier dishley-mérinos.)

Espèce porcine.

Race indigène pure.

Mâles.

3e prix : M. Colleau, à Chaumes.

Femelles.

2e prix : M. Paul Cère, à Montevrain.

Races étrangères.

2e mention : M. Fournier, à Rutel, près Meaux. (Truie berkshire.)

Oiseaux de basse-cour.

4e prix : M. Fontaine, de Maisoncelles. (Coq de la race de Crèvecœur.)

TABLE DES MATIÈRES.

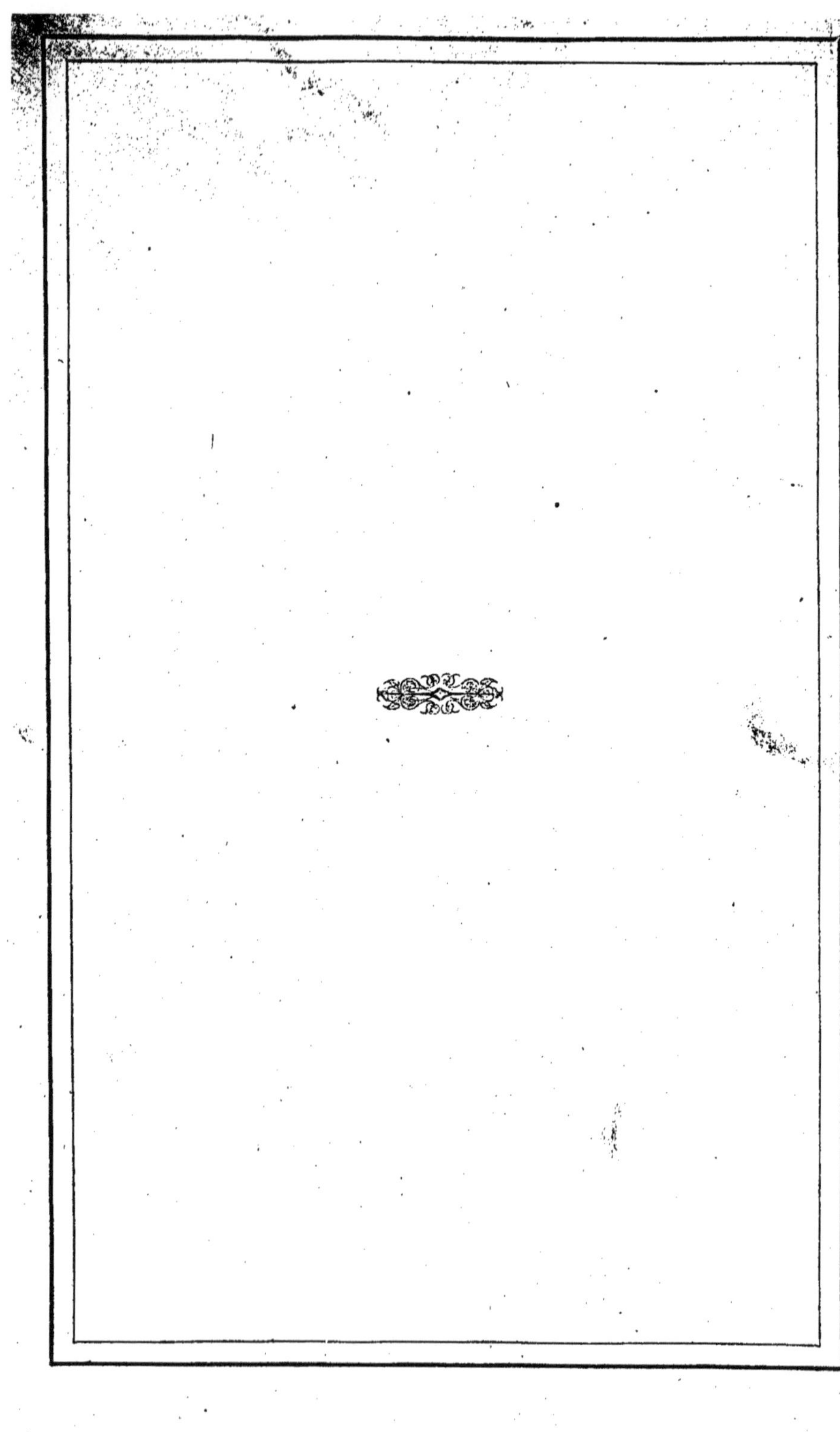

www.ingramcontent.com/pod-product-compliance
Ingram Content Group UK Ltd.
Pitfield, Milton Keynes, MK11 3LW, UK
UKHW020347180726
13839UKWH00002B/958